《身边的树木朋友》是一 ⋯⋯ ⋯⋯ 悦目的科普读物。它既体现高屋建瓴的人与自然和谐共生的生态文明思想，又娓娓动听地向儿童传播植物学基本知识，引领他们用眼、耳、鼻、手、心识别、传踪、表达，在他们幼小的心田撒播热爱自然、崇尚科学、好奇探究的种子。

科学素养和人文素养是培养学生成为有理想有本领有担当的时代新人的重要支撑，这本读物的编写者用心用情把二者融合起来重陶感染，必能赢得少年儿童的喜爱，成为他们的良师益友。

鲐背之年的老教师

于漪

2023年6月1日儿童节

身边的树木朋友

上

主 编

高慧贤　赵良成

中国林业出版社
China Forestry Publishing House

图书在版编目（ＣＩＰ）数据

身边的树木朋友 / 高慧贤，赵良成主编 .-- 北京 ：中国林业出版社，2023.6
ISBN 978-7-5219-2180-9

Ⅰ . ①身… Ⅱ . ①高… ②赵… Ⅲ . ①植物—普及读物 Ⅳ . ① Q94-49 `

中国国家版本馆 CIP 数据核字（2023）第 063015 号

编委会
主　　编：高慧贤　赵良成
编写人员（按姓氏笔画排序）：王　爽　王浩哲　车海英　李　迪　何　凤
　　　　　　　　　　　　　　赵冬云　柏　彤　黄　河　董文攀　蔡东娜

策划编辑：张衍辉
责任编辑：葛宝庆　张衍辉
图书设计：蔡东娜
字体支持：仓耳屏显字库

出版发行：中国林业出版社
（100009 北京市西城区刘海胡同 7 号　电话：83143521）
电子邮箱：cfphzbs@163.com
网址：www.forestry.gov.cn/lycb.html
印刷：北京博海升彩色印刷有限公司
版次：2023 年 6 月第 1 版
印次：2023 年 6 月第 1 次
开本：889mm×1194mm　1/20
印张：12.6
字数：186 千字
定价：98.00 元

植物是人类的好朋友，与我们的生活形影不离。桃红柳绿的春天，郁郁葱葱的夏日，硕果累累的秋天，傲雪凌霜的冬季，多姿多彩的植物装饰着四季不同的景观，美化着我们生活的环境，愉悦着人们的身心。植物是大自然赐予人类的珍贵财富，爱护植物就是爱护我们自己。每个人都可以从认识、了解身边的植物开始，通过观察、关爱身边的一草一木，关注自然，保护环境。

科普是搭建植物学家与公众之间的桥梁，如何将专业的植物学知识科学地转化为通俗易懂的内容，是科普工作者的重要责任。《身边的树木朋友》一书，从身边容易见到的树木开始，图文并茂地引导读者（特别是中小学生）认识植物、了解植物，学会观察和欣赏植物的美，从小培养对植物的兴趣。

科普读物要有科学性、知识性和趣味性，还要能提出科学问题，引导读者思考，具有启发性。此书在这方面做出的努力值得肯定。书中用生动形象的言语描述树木的习性、形貌、价值，区分容易混淆的植物，增加了本书的趣味性和可读性；用栩栩如生的图片展示树木的全貌、特征和细节，使纸上的植物更加鲜活生动，使专业术语更加通俗易懂。书中把主要树种按照中国二十四节气排列，还融入了典故、诗词等，不但扩展了知识面，也传播了中国传统文化。书中还设置了实践与拓展的内容，循序渐进，引导读者亲近自然、观察树木，在思考和探寻中爱上植物。这不仅是科学知识的介绍，也是科学精神的普及。

这本科普读物有助于引导青少年以及植物爱好者喜爱植物、热爱自然。这对加强生态文明教育、建设人与自然和谐共处的美丽中国也有现实意义。希望有更多的热心人士加入植物学科普队伍，助力全民科学素质的提高和创新发展的科学文化建设。

洪德元

中国科学院院士

2023年5月

序二

北京林业大学附属小学（"北林附小"）是一所特色鲜明、创新不辍的学校。该校不仅具有培育学生德智体美劳全面发展的优秀传统，还具备培养学生生态文明理念和素养的特色与优势。多年来，该校在课题研究和育人实践中，都进行了积极探索，深获大家的认可与赞誉，堪称知行合一、硕果累累。

北林附小所依托的北京林业大学，是一所以生态建设学科为优势特色的绿色大学，具有独特完备的森林植物学教学基地和科研条件。北林附小置身于植物环绕的绿色学府之中，自然受到其生态环境的滋养，也受到其学术文化的熏陶。

北林附小的教师们为了进一步拓宽学生的知识面，提高学生的植物学、生态学知识水平，与北京林业大学树木学专业教师共同编写了《身边的树木朋友》。该书以二十四节气为线索，串联起 24 种华北地区常见的树木。书中以每种树木"朋友圈"的形式，介绍了与其相似或同属的若干树木，使全书涵盖了 71 种树木。对每种树木的结构、形态和特征等方面进行精当的介绍，并配以与树木相关的诗词，呈现了科学性、知识性、可读性和趣味性。此书可满足中小学生对更多课外知识的需求，有利于提高他们阅读的兴趣，有利于向他们普及植物学的基础知识，更有利于普及生态文明教育理念和增强建设美丽中国的意识。

生态文明教育应该从孩子抓起。北林附小编撰出版这本新书，在生动活泼、富有成效地开展生态文明教育方面起到了带头与引领作用。其做法值得肯定和推广。希望北林附小继续努力，在小学生生态文明教育中取得更多成绩；也希望能有更多的、适合小学生阅读的生态文明书籍问世，更好地在小学生群体中普及生态文明知识。

中国工程院院士

2023 年 5 月

"东家妞，西家娃，采回了榆钱过家家。一串串，一把把……"每次听到《采榆钱》这首歌，小时候围着榆树采榆钱的画面就浮现在眼前。榆树是我们的好朋友，它记录着我们幼时追逐嬉戏的欢声与笑语，见证着童年的快乐和幸福，是我们记忆中不可或缺的一部分。

你生命中那棵树是什么样的？它是绿荫如盖、随风摇曳的柳树？或是树姿优美、艳丽可爱的玉兰？还是遒劲雄伟、从容挺拔的雪松？快翻开这本书，再次与记忆中的树木朋友见面吧！

翻开此书，犹如走进了郁郁葱葱的树木世界。一树一世界，树木是大自然的精灵，随着四季荣枯生息。无限的生机与生命的美好，就像宝藏一样被珍藏在这本书里，静待你的探索。在与每位树木朋友相识、相交、相伴中，你一定能够感悟到树木的别样奥妙。重新回看四季轮转，再看春日翠芽、夏雨绿荫、秋风黄叶、冬雪遒枝，你一定能发现更多的与以往不同的奇特和绚丽。

这是一本兼具科学性、知识性、文学性、趣味性与艺术审美的植物科普读物。《身边的树木朋友》遵循着中国传统二十四节气的时间线，主要介绍了 24 种当季我们身边常见且在北方地区具有代表性的树木。透过充满中华智慧的二十四节气，你可以从这些树木身上，窥见自然和生命相互交融的神奇。

书中设置了"我的自画像""我的身体""我的价值""我的朋友圈""实践与拓展"五大板块，并在最后提出一个科学小问题，将专业知识、传统文化与观察实践以及探索发现融会贯通，以通俗且严谨的文字描绘，配以真实而绚丽的高清照片，辅以细腻而精准的手绘插画，让我们领略身边的树木之美，吸引我们揭秘身边的自然之妙。

前言

　　自古以来，人类便与自然共生、与树木为伴。学习自然科学里的树木，认识一个个与我们一起创造新奇人生体验的"好朋友"；查阅古今诗词中的树木，会见一位位历经风霜却依然挺立的"老朋友"；浏览朋友圈的树木，广交更多千姿百态、性格各异的"新朋友"。在阅读此书的同时，让我们一起走出家门，走近身边的树木，与树木为邻、为友，观察之、认识之、学习之。从一棵棵树木的生长轨迹中感受生命的四季，真正领略自然赐予我们生生不息的力量，领悟人与自然和谐共生的真谛。让我们把对树木、对自然的热爱，转化成为建设美丽中国的实际行动，让生态文明教育的理念植根于每一个人的心中！

编委会

2023 年 5 月

目录

yù

玉

Yulania denudata

lán

兰

木兰科

枝芽萌动春风至，玉兰花开幽香来。

立春

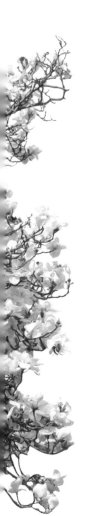

我的自画像

我叫玉兰或白玉兰，是一种落叶乔木，

也为春季最受欢迎的观花树种之一。

人们还叫我"望春花"和"应春花"，

当早春万木沉睡时，我的花朵就迎着未尽的寒气先叶开放了。

我的家乡在南方，但也能在北方生活。

为了适应寒冷的冬天，

枝条上的花芽外面包有毛茸茸的鳞片，

整个看起来形似一个个"毛笔头"，非常可爱！

我的花开在枝条顶端，

洁白而有光泽，宛如白玉雕刻而成，

又有像兰花的香气，这就是我名字的由来。

我的花硕大，外形像莲花。

盛开时能看到 9 个颜色和大小相似的花被片，

里面有很多的雄蕊和雌蕊，

着生在像柱子一样的花托上。

我的果实外形奇特，圆柱形，常扭曲，

由多个被称作"蓇葖（gūtū）果"的小果组成。

除了花和果，你也可以通过带有小突尖的倒卵形叶子来认识我哦！

我的身体

树皮

枝芽

叶

花

果实（聚合蓇葖果）

果实成熟开裂

花被片（同被花）

花托和花蕊

雌蕊（多数）

雄蕊（多数）

花托（柱状突起）

花的结构

花芽期 1—2 月　　花期 3 月　　幼果期 4—7 月　　果实成熟期 8—9 月

我的生长阶段

我的价值

我的树体高大，树冠荫浓，枝叶茂密。

每年早春时节白花满树，艳丽芳香，

盛开时耀眼的白色花群，极为醒目，

有"玉树之称"，深受人们喜爱，

是中外驰名的园林观赏树种，

上海等城市还把我选为市花呢！

翠条多力引风长，点破银花玉雪香。

韵友自知人意好，隔帘轻解白霓裳。

——明·沈周《题玉兰》

　　我的花内含有挥发性芳香油，可提取香精，用来制作高级化妆品或香料。花被片富含多种维生素和氨基酸，可以泡茶饮，还可以做成美食。我的花蕾还能够入药，在中药材里与紫玉兰的花蕾统称为"辛夷"。

我们玉兰家族有很多成员，
在北方还栽培有另外一种开白色花的玉兰，
比我开花还要早几天，
它就是望春玉兰。
望春玉兰和玉兰除花期有差别外，
叶片形状也有所不同，望春玉兰要更细长一些。

另外，
还能见到一种开紫色或紫红色花的叫紫玉兰。
紫玉兰是一种灌木，开花时间比我晚，
而且花和叶同时开放。

还有一种名字非常特别的玉兰叫二乔玉兰。
为什么叫"二乔"呢？
因为它是将玉兰和紫玉兰
进行人工杂交后培育出来的，
花为紫色或有时近白色。
二乔玉兰的适应性比双亲更强，
目前被广泛栽培观赏，有很多品种。

7

实践与拓展

　　木兰科植物的花有很多原始的特征，比如花单生枝顶、花被片形态相似、雄蕊和雌蕊数量很多等。等它们开花的时候，请你再仔细观察一下这些雄蕊和雌蕊在柱状花托上是怎样排列的，以及不同发育时期雄蕊和雌蕊各有什么样的变化。

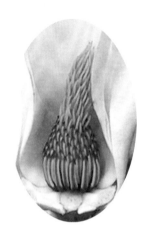

　　玉兰和紫玉兰同为我国著名的传统花卉，从古至今留下了很多描写和赞美它们的诗词，如唐代白居易的《戏题木兰花》和欧阳炯的《辛夷》以及明代文徵明的《玉兰花》和睦石的《玉兰》等。请你查阅了解一下还有哪些，这些诗词都描写了玉兰和紫玉兰的什么特点。

"毛猴"是老北京的传统手工艺品。取蝉蜕（知了壳）的头做"猴"头，玉兰越冬的花蕾做"猴"身，再用蝉蜕的爪子做"猴"的四肢，一只奇特的"毛猴"就出现了。你也试着收集材料来做一下吧！

？拓展

玉兰的果实成熟后，单个蓇葖果会从一侧裂开，露出成熟的种子。种子外面有色彩艳丽的肉质外种皮，而且会有一根细丝将种子悬挂在果实外面，随风摆动。你知道这样的特征有什么作用吗？

lián

连

Forsythia suspensa

qiáo

翘

连翘迎春平春色，雨露润泽满枝黄。

雨水

我叫连翘，是一种落叶灌木。

我的开花期很早，

每年早春二三月，当天气还很寒冷时，

我就能开出一片片黄色的花朵，

告诉人们，春天正在向你走来！

我的树姿优美，生长旺盛，

枝条修长开展，柔软有弹性。

此外，我的枝条中间是空心的，

这一点和大多数树木不一样。

我在开花时满枝金黄，艳丽可爱。

如果你仔细观察我的花，

会发现虽然看上去像是有 4 枚花瓣，

但它们的基部是合生在一起的，

形成一个个小的花冠筒，

像挂着一串串黄色的小风铃。

这样的花被称为"合瓣花"。

我的果实表面生有很多瘤状突起，

成熟后开裂成两瓣，每瓣上端向外翻翘，

这就是我名字里"翘"的来由。

树皮

枝条

枝叶

花

果实（蒴果）

种子

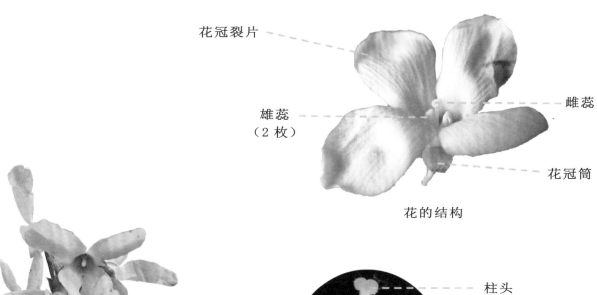

花冠裂片

雄蕊
（2 枚）

雌蕊

花冠筒

花的结构

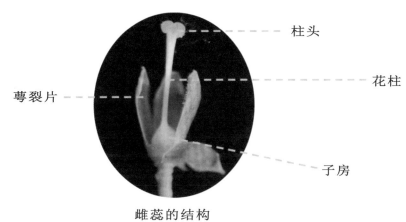

柱头

花柱

萼裂片

子房

雌蕊的结构

花期 3—4 月　　　幼果期 5—7 月　　　果实成熟期 8—9 月

我的生长阶段

我的价值

我虽然不高大，但枝条修长，
开展呈拱形，姿态非常优美。
我的开花时间早，先于叶开放，
而且花期长、花量多，盛开时满枝金黄，
艳丽可爱，香气清新，令人赏心悦目，
是早春优良的观花灌木，
可以做成花篱、花丛和花墙等，
在园林绿化和城市美化方面发挥着重要作用。

千步连翘不染尘，降香懒画蛾眉春。
虔心只把灵仙祝，医回游荡远志人。
——先秦·佚名《诗经·关雎》

我还具有重要的药用价值，
入药部位是果实，
很多中药的名字中带有"连"或"翘"，
指的就是我。

在早春开花的灌木中，有一种和我差不多时期甚至更早开黄花的植物，叫作迎春，我们都属于木樨科大家庭。人们经常把二者混淆，掌握了以下几点，你就很容易分辨我们了！

连翘的整体姿态是向上伸展的；
而迎春的整体姿态是向下低垂的。

连翘的花冠有 4 个裂片；
而迎春的花冠一般是 5 ～ 6 个裂片。

连翘的枝条是黄褐色的，圆筒形；
而迎春的枝条是绿色的，四棱形。

另外，还能经常见到一种外形和连翘很像，
开黄花，也是 4 个花瓣的灌木，
但它的叶片细长，
枝条也不中空，髓心分隔成一片一片的，
它的名字叫金钟花，
和连翘是近亲。

实践

现在已经培育出了很多连翘的园艺品种，有金叶的、花叶的、金脉的、垂枝的，请你在身边校园、公园、植物园里找找，拍照记录一下吧！

连翘的叶子类型为单叶或三出复叶，通过观察比较，你能发现连翘枝条上生长的叶子有什么特点吗？什么是不变的？什么是变化的？

连翘生命力强，容易成活，把枝条插在水瓶里也可以生根，如果有园林工人修剪掉的枝条，你可以拿来试一试哦！

？拓展

仔细观察不同的连翘植株会发现，连翘花有一个奇特的现象，就是不同的花中雄蕊和雌蕊的长度不同，有的花雄蕊长雌蕊短，有的花雌蕊长雄蕊短。这种现象被称为"花柱异长"，除连翘外，报春花、荞麦等植物也有。你知道这样有什么作用吗？

yú

Ulmus pumila

shù

榆科

惊蛰榆花开，万物齐复苏。

惊蛰

我的自画像

我叫榆树，又叫白榆或家榆，是一种落叶乔木，为我国重要的乡土树种。

我的树干高大，树皮幼时平滑，长大后深纵裂，树冠近圆形。

我的叶子很有特点，顶端尖，基部常偏斜，两边不对称，这是我重要的识别特征。

我在早春时节先于叶开花，很多花簇生在一起，星散分布在老枝上。

花很小，只有 2～4 毫米，花期也短，经常被误以为没有开过花。

我的花没有花瓣，只有花萼以及少数雄蕊和中间的雌蕊，称为"单被花"。

我的果实非常独特，扁平，近圆形，形状很像古时的铜钱，民间常叫它"榆钱"，这也是人们对我最深的印象。

"榆钱"实际上是一种翅果，中间鼓起，包裹着里面的种子，周围一圈都是薄薄的果翅。果实成熟后会变干，靠着轻盈的翅膀乘风飞行，飘到远方。

我很喜光，耐寒又耐旱，适应性很强，常生长在平原的村边和路旁。

23

我的身体

树皮

枝芽

枝叶

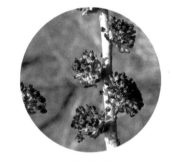

花簇生

果枝

果实（翅果）

雄蕊（4 枚）

雌蕊

花萼（4 裂）

花的结构

柱头

子房

果翅

种子

留存的花萼

雌蕊的结构

果实的结构

花期 3—4 月

果实成熟期 5—6 月

营养生长期 4—10 月

我的生长阶段

我的价值

榆树很早就被古人所认识，
先秦《诗经·唐风》记载：
"山有枢，隰（xí）有榆"。
我的根系发达，生长快，寿命长，
自古就被用于在干旱瘠薄地区
营造水土保持林和防风林。

天上何所有，历历种白榆。
——汉·佚名
《陇西行·天上何所有》节选

我的树形高大，树冠宽阔，枝叶茂密，是优良的园林绿化和观赏树种，龙爪榆、'金叶'榆等变种和品种更适于庭园栽培观赏。老榆树冬季落叶后，细密的小枝在蓝色的天空背景里勾勒出了巧夺天工的线条画，很是漂亮。

我的果实俗称"榆钱"，古时也称"榆荚"，味道清甜，自古以来就被作为木本蔬菜，可直接洗净生食，也可以做成榆钱饭、榆钱饼等多种美食。

我的枝皮纤维坚韧，可作人造棉与造纸原料。木材纹理美观、坚实耐用，可供家具、器具、桥梁以及其他建筑等用材。

我的家族有很多种类，多数都是春季开花并结果，
但有一种非常独特的榆树却是在秋季才开花和结果，
它的名字叫榔榆。榔榆叶子和果实都较小，也叫小叶榆。
榔榆的树皮和榆树也有明显的区别：榆树的树皮深褐色、纵裂；
榔榆的树皮灰色，裂成不规则薄片脱落，
呈现斑驳状，很有观赏价值，常被用于盆景制作。

有一种果实形状和榆树翅果非常相似的树种，名叫青檀。
它原来和我同属于榆科家族，现在则被划分到了大麻科家族。
青檀树皮片状剥落，果柄细长，果实也是圆形的翅果，
但果翅虽薄质地却很硬，并不能食用。
青檀常生于石灰岩山地，茎皮纤维为制作"宣纸"的原料。

实践

　　榆树在我国栽培和利用的历史悠久，有很多地方的地名便是以榆树来命名或者和榆树有关，如北京的榆垡（fá）、陕西的榆林、吉林的榆树等。你知道还有哪些吗？请你通过查阅，更多地了解一下这些地名的由来和它们背后的故事。

　　榆树的果实是典型的翅果。翅果的种类很多，形态也多样，它们的功能都是适应风力的传播。根据果翅的位置可以分为一端有翅（如白蜡树）、两侧有翅（如白桦）和周围有翅（如榆树、杜仲）的翅果。请你留意观察一下身边树木的果实，看看能找到几种翅果，并给它们分分类！

"榆钱儿，圆又圆，多像一串大铜钱"，榆钱可以食用，因与"余钱"是谐音，象征年年有余钱，更受人们喜爱。榆钱有多种食用方法，在可以采摘的地方，和家人采摘一些新鲜的榆钱，一起制作成榆钱小吃来品尝吧！

?拓展

榆树除了果实榆钱，它的木材也很特别。从古至今榆木备受欢迎，雅俗共赏，是人们制作家具用材的首选。而且，还出现了一个和榆树木材相关的现代成语叫"榆木疙瘩（gēda）"，常用来比喻人的思想顽固不开窍或头脑反应不灵活。你知道为什么这样比喻吗？

Syringa oblata

zǐ
紫

dīng
丁

xiāng
香

木樨科

一树百枝千万结，春色中分香满城。

春分

我叫紫丁香，是一种著名的灌木花卉。

我的花冠筒细长像钉子，花香浓郁而芬芳，

因此便有了"丁香"这个名字。

我的叶子比较厚，呈心形，深绿色，在枝上对着生长。

春分时节，我的圆锥花序上长出一朵朵从淡紫到深紫色的小花。

许许多多小花聚集在一起，一簇簇布满全株，盛花时犹如紫霞漫天。

"一树百枝千万结"说出了我开花时的繁茂。

我的花冠下部筒状，像一个高脚杯，顶端平展裂成 4 瓣。

雄蕊 2 个，生在花冠上面，被称为"冠生雄蕊"。

我的果实成熟时裂成 2 瓣，像一个个张开的鸟嘴，形态可爱。

里面的种子扁平，生有小的"翅膀"，可以随风飘向远方。

我的花有很多寓意，象征着纯真的青春和长久的友情。

未开的花蕾像一种中国传统绳结的形状——取名"丁香结"，

古人也常借丁香的花来形容愁绪。

小学课文《一株紫丁香》，

则表达了学生对老师的敬重和感谢之情。

我的自画像

我的身体

树干

枝芽

枝叶

花序

果实（蒴果）

种子

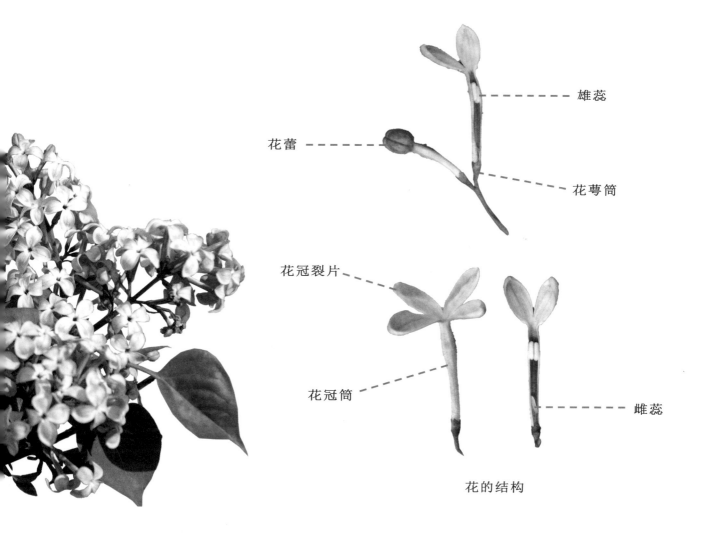

雄蕊

花蕾

花萼筒

花冠裂片

花冠筒

雌蕊

花的结构

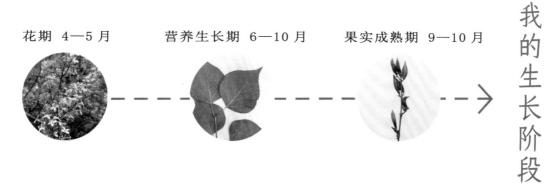

花期 4—5 月　　营养生长期 6—10 月　　果实成熟期 9—10 月

我的生长阶段

我的价值

我原产于中国，已有1000多年的栽培历史，
是传统木本花卉。

由于我枝叶茂密，花期较早，花序硕大，
开花繁茂，花色淡雅、芳香，而且适应能力强，
抗寒、抗旱、抗盐碱、耐瘠薄土壤，
因而在园林中被广泛栽培应用，
是北方春季重要的观赏花木。
丁香家族在我国有20多种。
丁香的花朵纤小文弱，花筒细长，
给人以欲尽未放的感觉。
丁香的花蕾结而不开，
诗词中多用来比喻愁结不解。

江上悠悠人不问，十年云外醉中身。
殷勤解却丁香结，纵放繁枝散诞春。
——唐·陆龟蒙《丁香》

我的花芳香四溢，是春季重要的蜜源植物，
也是提取香精、配制高级香料的原料。

我是紫丁香，
我还有一个变种，名字叫白丁香，
与我的主要区别是白丁香叶片较小，
花为白色。
白丁香花密而洁白、素雅而清香，
常植于庭园用作观赏。

我
的
朋
友
圈

还有另外一种常见的开白花的丁香，
它的花不但比紫丁香和白丁香更密集，
而且味道更浓烈，这就是暴马丁香。
区别主要有紫丁香是灌木，暴马丁香是高大乔木；
紫丁香的叶片较宽，暴马丁香叶片较狭长；
紫丁香的花期 4—5 月，暴马丁香开花较晚，为 5—6 月。

在南方热带地区有一种作为香料，而且名字中带丁香的树木，叫丁香蒲桃。
它的花冠筒也是细长的，和紫丁香相似，但丁香蒲桃是桃金娘科的一种常绿乔木。

实践

有一些树木名字中也有"丁香"，但它们只是花的形态像丁香，实际上并不是木樨科的丁香，通过查阅资料来了解一下这些植物，并做一个简单的比较吧。

	野丁香	滇丁香	黄丁香（香茶藨子）	紫丁香
花朵形态				
花朵颜色				
树形				
科名				

作为著名的观赏花木，紫丁香栽培广泛，是我国北方地区很多城市的市花。请你查一查，都有哪些城市的市花是紫丁香呢？

国内外对各种丁香的杂交育种已有近百年的历史，栽培品种众多，很多植物园都有丁香专类园，有时间去踏青观赏，拍照记录吧！

拓展

紫丁香开花时颜色有淡紫色也有深紫色，变种还有白色，花色也会伴随着开花进程发生一些变化。这种现象在菊花、芍药、海棠等其他观赏花卉中同样存在。你知道同一种植物花的颜色为什么会有变化吗？

zǐ

Cercis chinensis

紫

jīng

荆

豆科

清明紫荆应时开，繁花满茎引蜂来。

清明

我的自画像

我叫紫荆，是一种丛生或单生的灌木，

有时也能长成小乔木。

我会在每年的春季开花，

先开花，后长叶，或花和叶子同时生长。

我的花和叶都很美观，人们都很喜欢我。

我的花紫红色，像一只小蝴蝶。

它是由 5 个花瓣组成的，被称为"假蝶形花冠"。

通过细细的花梗，经常好几朵花聚集在一起。

花虽不大，但非常雅致，别有韵味。

最独特的是，我的花多数开在老的枝干和树干上，

一簇一簇，盛开时整个枝条像是挂上了彩带，

因此又形象地得名"满条红"。

夏秋是我的果实生长的季节，

它们是一种扁而长的荚果，

也像我的花朵一样，一串一串挂满整个枝头。

通过这些特征，

你们很容易就能认识我，并记住我，

一种常见但很独特的美丽花木！

43

我的身体

树干

花芽

叶

花序

果实（荚果）

成熟果实和种子

假蝶形花冠（5 个花瓣）

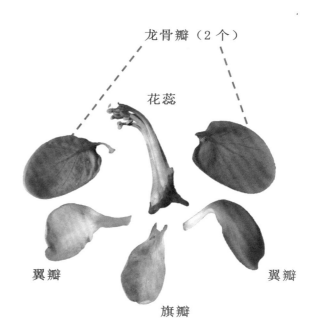

龙骨瓣（2 个）

花蕊

翼瓣

翼瓣

旗瓣

雄蕊（10 枚）

雌蕊

花的结构

花期 4—5 月

幼果期 7—8 月

果实成熟期 9—10 月

我的生长阶段

我的价值

我在春季开花，
最奇特之处是花儿多开在树干和老枝上，
上至顶端，下至根部，
一丛丛，一簇簇，
娇艳的紫红色花朵爬满整树。
花色鲜艳，而且花量大，
这使得我成为春季著名的木本观花植物。

紫艳暮春庭，少陵诗思清。老蛟蟠曲干，丹矿缀繁英。
花谱元无品，春工别有情。不随桃李色，俗眼莫相轻。

——宋·韦骧《紫荆花》

明代《本草纲目》记载：
"其木似黄荆而色紫"，
这就是我的名字"紫荆"的来由。
我对环境的适应性很强，
分布很广，
栽培区域遍布各地，
是我国传统的庭园树木。

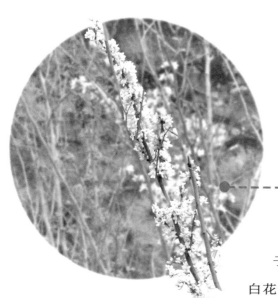

我属于豆科紫荆属，
紫荆家族除了我，
还有几种其他的种类，
它们都分布在南方地区。
另外，还有一种花朵为白色的紫荆，
叫白花紫荆，
实际上它是我的变型，
因为我的个别基因发生了变异，
于是一些个体花的颜色由紫色变成了白色。
白花紫荆比较罕见，具有极高的观赏价值。

说到紫荆，
不要与我国香港特别行政区的紫荆花混淆。
我们虽然都属于豆科植物，
而且亲缘关系也比较近，
但却是两种不同的树木。
香港紫荆花正式的中文名叫红花羊蹄甲，
它的叶片顶端裂为两半，很像羊的蹄子。
红花羊蹄甲的花很大，红色或粉红色，
5 个花瓣展开如手掌，十分美观，
是华南地区重要的观赏树木。

47

实践与拓展

　　紫荆、紫藤、紫薇，这几种观赏植物都很常见，它们虽然名字只有一字之差，但区别很大。请你在身边的校园、公园、小区里找一找这些树木，观察记录一下它们各自的特点！

	紫荆	紫藤	紫薇
花朵形态			
花朵颜色			
叶片形态			
树形			

　　在古代，紫荆是兄弟团结的象征。唐代著名诗人李白和杜甫都曾在诗中借紫荆抒发情感，也有直接赞咏紫荆的诗词，如唐代韦应物的《见紫荆花》和宋代舒岳祥的《咏紫荆花》等。请你赏读有关紫荆的诗，了解诗中的紫荆花，体悟眷眷兄弟情。

找一朵紫荆的花，亲自来解剖观察一下它的结构吧！你知道什么是"假蝶形花冠"吗？与后面槐树的花比较一下，看看二者在结构上有什么相同和不同的地方！

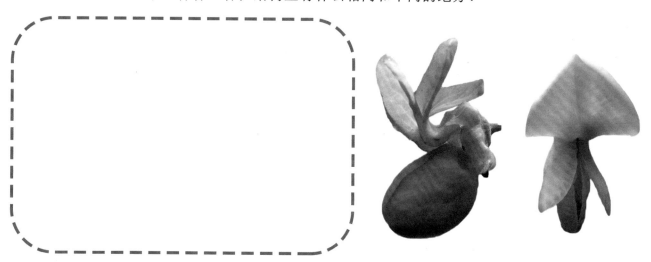

拓展

多数树木的花都是开在一年生或二年生的枝条上，紫荆的花除了少数在枝头绽放，更多是开在老枝和树干上，这种现象叫"老茎生花"。紫荆也是我国北方地区唯一能见到的具有老茎生花现象的树木。你知道为什么会有老茎生花这种现象吗？

mǔ

Paeonia × suffruticosa

dān

芍药科

谷雨三朝看牡丹，国色天香冠群芳。

谷雨

我叫牡丹，是中国十大传统名花之一，

从古到今，我收获了无数人的喜爱和赞美，

被誉为"花中之王"。

我虽只是一种较小的灌木，

但我的花能开得很大，

最大直径能到 30 厘米，

并且长在枝条顶端，非常显眼！

我的花瓣以红色和紫色为主，

也有粉色和白色的，

可以说是花大色美，并且花香浓郁，

由此我也获得了"国色天香"的美誉。

我也常被人们赋予富贵吉祥、繁荣兴旺的象征。

我的根是肉质根，比较怕涝，

所以千万不要给我浇过多的水，

最好把我种在排水好的地方，我的花会开得更美。

我每年在 4 月下旬开花，

"谷雨三朝看牡丹"意思是谷雨节气后 3 天看盛开的牡丹正当时，

我也被称为"谷雨花"，到时大家一定记得观赏呀！

我的身体

枝干

肉质根

叶

花

果实
（聚合蓇葖果）

种子

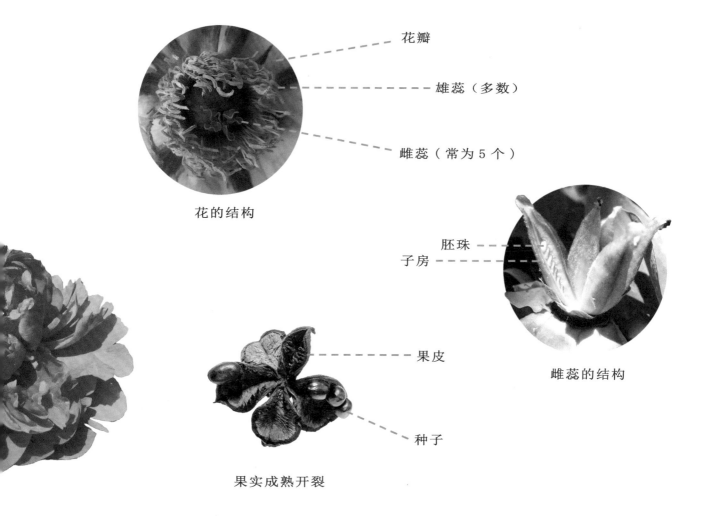

花瓣

雄蕊（多数）

雌蕊（常为 5 个）

花的结构

胚珠

子房

雌蕊的结构

果皮

种子

果实成熟开裂

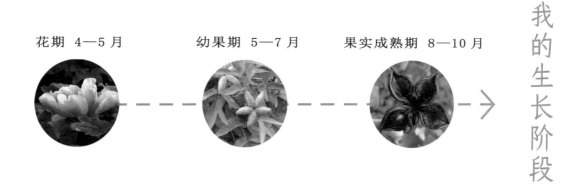

花期 4—5 月　　　幼果期 5—7 月　　　果实成熟期 8—10 月

我的生长阶段

我的价值

我作为观赏花卉中的"花中之王"，栽培历史悠久，
唐朝时盛栽于长安（今西安），宋朝时则洛阳牡丹最为有名。
我的花大而香，雍容华贵，由此也被赋予了吉祥如意、繁荣昌盛的象征意义，
形成了古老而独特的牡丹文化。从古至今，
赞美牡丹花的诗词层出不穷，著名的有：

庭前芍药妖无格，池上芙蕖净少情。

唯有牡丹真国色，花开时节动京城。

——唐·刘禹锡《赏牡丹》

绝代祇西子，众芳惟牡丹。

——唐·白居易《牡丹》节选

作为著名观赏花卉，我的品种多达千种，栽培范围也极为广泛。
现在，人们已不仅仅把我当作一种观赏植物，
而是拓展至食用、药用、保健等多个领域，
比如牡丹籽油就是一种高级食用油。
随着科技和社会的发展，
我的价值会越来越大！

我有一个姐妹，名叫芍药。

牡丹和芍药被人们并称"花中二绝"。

我们二者是近亲，花形极为相似，

也经常被栽种在一起，

因此不少人常误认牡丹为芍药，

或误认芍药为牡丹。

那么，牡丹和芍药怎么区别呢？

一是看茎干的质地。

牡丹的茎为木质，落叶后地上部分不枯死；

芍药的茎为草质，落叶后地上部分枯死。

二是看叶子的形状。

牡丹的叶片顶端常再分裂，

芍药的叶片狭长，顶端不再分裂。

三是看开花时期。

牡丹 4 月开花，

芍药 5 月开花。

实践

牡丹在我国栽培历史悠久，形成了独特而丰富的牡丹文化，与牡丹有关的人物、地名、诗词、故事、歌曲也非常多，请去查阅了解一下，看看能找到多少！

在中国，有很多城市以牡丹而著称，你知道"牡丹之乡""牡丹之都""牡丹城"都是指哪些地方吗？它们各自都有什么特色？

牡丹花也可供食用。明代的《遵生八笺》载有"牡丹新落瓣也可煎食";《二如亭群芳谱》中更详细地记载了食用方法"牡丹花煎法与玉兰同,可食,可蜜浸""花瓣择洗净拖面,麻油煎食至美"。在中国不少地方有用牡丹鲜花瓣做牡丹羹的,或作配菜添色制作名菜的。如果有条件你也来试一试吧!

？拓展

野外生长的牡丹花常为单瓣,或花瓣较少,但栽培牡丹品种的花常为重瓣,花瓣很多,有的甚至整朵花均为花瓣,几乎看不见花蕊。你知道这么多花瓣是怎么来的吗?

Prunus triloba

yú
榆

yè
叶

méi
梅

千朵万朵小桃红，榆叶梅果一树荣。

我叫榆叶梅，又叫小桃红，是一种落叶灌木或小乔木。

因叶片边缘有很多锯齿，像榆树叶，

而花朵圆圆的又酷似梅花而得名。

我枝条的颜色一般是紫红色到紫褐色，

花朵有粉红色、粉白色和红褐色，以粉红色为主。

我的花从单瓣、半重瓣至重瓣，单瓣只有 5 个花瓣，

重瓣的花瓣则有很多，观赏价值也更高。

我每年 4—5 月先于叶开花，花量很大，密集艳丽，

能够创造出满树粉花的效果，

人们给我的花语是春光明媚、花团锦簇、欣欣向荣。

我的果实红色，球形，外面有毛，里面长有硬的果核，

和桃、李、杏、梅的果实很像，我们都属于一个家族。

我是喜光树种，要把我栽在阳光充足的地方。

我不仅耐瘠薄、耐盐碱，而且抗寒性极强，

在北方很寒冷的地方也能生长，

各地都能见到我的身影。

我的自画像

树皮

枝芽

叶

花

果实（核果）

果核

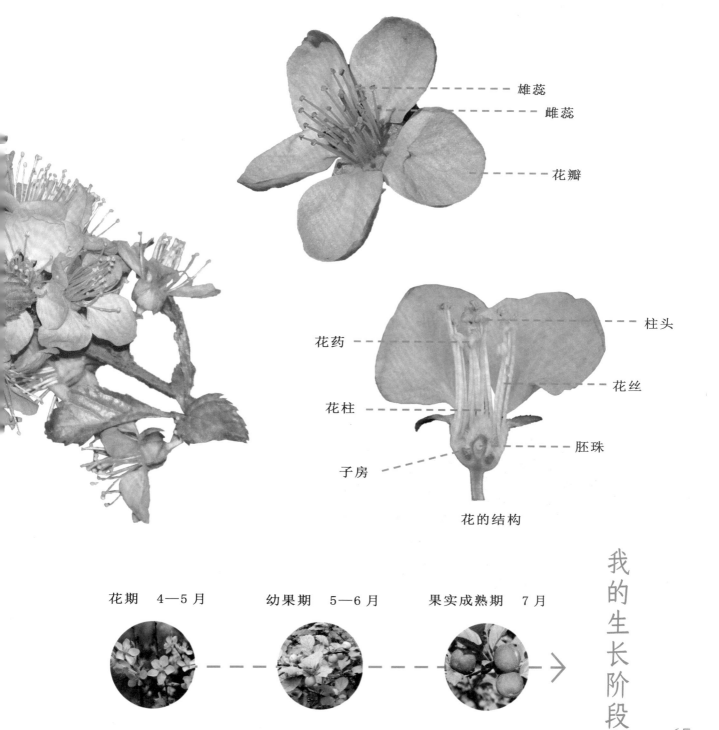

雄蕊

雌蕊

花瓣

花药

花柱

子房

柱头

花丝

胚珠

花的结构

花期　4—5 月

幼果期　5—6 月

果实成熟期　7 月

我的生长阶段

65

我的价值

我在中国已有数百年的栽培历史，

清代汪灏等所著的《广群芳谱》中已有榆叶梅的记载，称为"鸾枝"。

现在全国各地均有栽植，

尤其在北方公园、庭园、街道是重要的春季观花灌木。

我的枝叶茂密，花繁色艳，

特别是盛花时，深浅不一的桃红色花朵密布于半球形的树冠上，

灿烂夺目，惹人喜爱。

我的栽培类型极多，主要有

重瓣榆叶梅、半重瓣榆叶梅、

鸾枝、截叶榆叶梅等，

千姿百态，争奇斗艳。

最常见的就是重瓣榆叶梅，

花朵多而密集，因花朵大，

又称"大花榆叶梅"，

开花时间要比其他品种晚。

每年四五月，

榆叶梅的不同品种争相开放，花团锦簇。

既可以独栽，又可以丛植，

如果与连翘搭配种植，

绽放时桃红色与连翘的绿黄色交相辉映，更显春意盎然。

我的花形似梅花，但并不是梅花。

榆叶梅和梅花的主要区别有以下几点：

一是花期不同，梅花 2—3 月开花，

比榆叶梅要早很多；

二是叶子形态不同，

梅花的叶子边缘有细尖的锯齿，

榆叶梅的叶子边缘则有粗的锯齿；

三是果实的颜色不同，

梅花的果实绿黄色，榆叶梅的果实则是红色。

还有一种常见栽培的灌木——毛樱桃，

它的叶子、花和果实与榆叶梅都很相似，

但毛樱桃的叶子背面密被毛，

摸起来毛茸茸的，

而榆叶梅的叶子则比较光滑。

春天是蔷薇科植物争奇斗艳的大舞台，在榆叶梅的花期，我们还能看到桃、杏、紫叶李、樱花、海棠花、梨、棣棠、鸡麻以及多种绣线菊等很多其他蔷薇科植物也在开花。通过观察，对这些植物进行区分，并把它们的花拍摄下来或画下来，做个花卉拼图吧！

榆叶梅与榆树的叶子形状很像，但区别也很明显。请你把榆叶梅的叶子和榆树的叶子放在一起，进行比较，说一说二者的相同和不同之处。

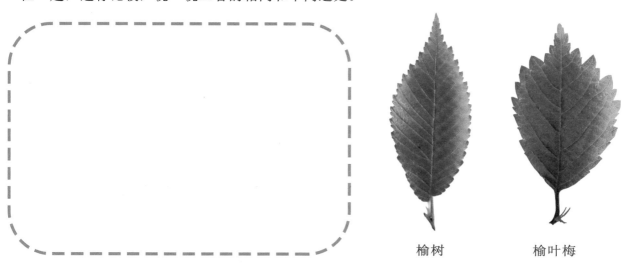

榆树　　　　　榆叶梅

拓展

栽培的榆叶梅的花有单瓣花和重瓣花之分。开完花后，有的结果实，有的则不结果实。你知道哪种结果实哪种不结果实吗？为什么？

máo
pāo
tóng

Paulownia tomentosa

毛
泡
桐

泡桐科

小满泡桐花甫过，桐果摇曳满枝头。

小满

我的自画像

我叫毛泡桐，是一种高大的乔木，为我国重要的乡土树种。

我的枝条、叶子、花和果实都生有腺毛，摸起来黏黏的，这就是我被称为毛泡桐的原因。

我的树冠很宽大，像一把撑开的巨伞。树大阴浓，枝叶茂密，常作为庭荫树和行道树栽培观赏。

我的叶片是心形的，像一把扇子，对着生长，有时能长到 40 厘米长。

我是先花后叶，每年春夏之交满树开出很多紫色的花朵，

它们一串串聚集在一起，枝头就像挂上了一个个小的金字塔。

我的花很大，花冠漏斗状，像一个小喇叭，既奇特又漂亮。

我的种子却很小很轻盈，并且生有膜质的"翅膀"，果实成熟开裂后，随风飘落到很远的地方。

我喜欢阳光，要把我种在向阳的地方。我还耐干旱、耐盐碱，能够防风固沙、改良土壤。

我是有名的速生树种，在林业生产中用途很广。

73

树皮

叶子背面

花

果枝

果实（蒴果）开裂

种子

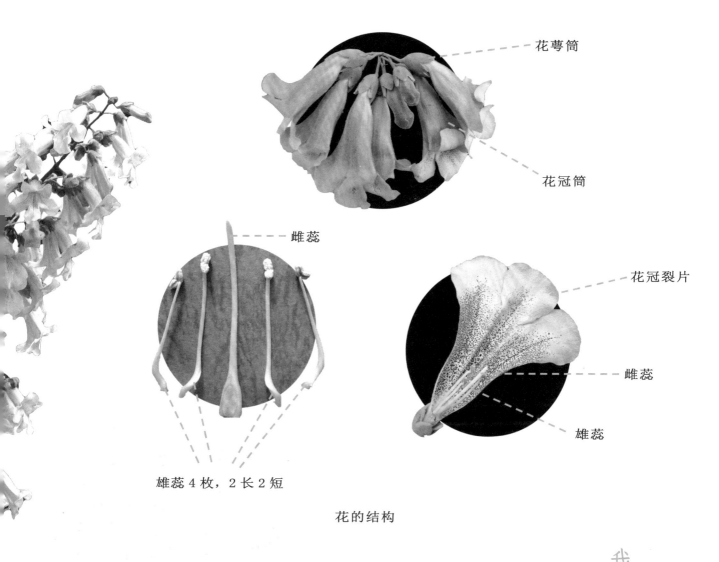

花萼筒

花冠筒

雌蕊

花冠裂片

雌蕊

雄蕊

雄蕊 4 枚，2 长 2 短

花的结构

花期 4—6 月　　　果期 7—9 月　　　果实成熟期 10 月　　　→

我的价值

我的树形高大，树冠开张，盛开时满树繁花，花大色美，清香扑鼻。

桐花盛开，传递着春夏的交替、自然的时序。

每当微风吹过，紫色的花朵散落一地，特别有诗意。

宋代诗人胡仲弓在一首诗中写道：

"桃李竟随春脚去，仅留遗爱在桐花。"

由于我的叶片很大，而且生有腺毛，会分泌一种黏性物质，

能吸附烟尘及有毒气体，因而我还是园林绿化的优良树种。

我国从南到北，到处都能看到我的身影。

我是一种速生树种，长得可快啦，

俗语说"一年一根杆，两年一把伞，五年能锯板"。

我的木材轻质，弹性好，

是制作乐器和模型的特殊材料。

古代《尚书》中记载有

"峄山之阳，特生桐，中琴瑟"，

可见，用泡桐木制琴由来已久。

我的花是紫色的，
　大家还能见到一种开白色花的泡桐，
　　叫白花泡桐。
　　　除了这两种，我国分布的还有楸叶泡桐、
　　兰考泡桐、川泡桐、南方泡桐和台湾泡桐。
　　我们亲缘关系都很近，都属于泡桐家族。

　　　　除了泡桐，
　还有两种常见的名字中带"桐"的树木，
　　　　一种叫油桐，
　　　　一种叫梧桐。
　　　我们叶子都比较大，
　　　　在形状上有些相似，
　　　　但它们和我的亲缘关系很远，
　在花和果实的特征上跟我也有很大的区别。

实践

"树上美入云霄，树下滑人一跤"，当毛泡桐的花朵成片落在地上的时候，人们踩到就很容易滑倒。你知道这是为什么吗？

我国自古以来对泡桐就有一种特殊的喜爱。在古代，泡桐被称作"琴瑟之木"，《诗经》中有"椅桐梓漆，爰伐琴瑟"，这里的"桐"一般认为就指泡桐。查一查，了解一下泡桐的木材都有哪些特性，适合制作哪些乐器。

毛泡桐的花里有甜的花蜜，花蜜不仅可以吸引昆虫，也是孩子们喜爱的美味。试着将新鲜掉落的花朵拾起来，去掉带毛的花萼，将花朵的底端放进嘴里轻轻吸食，甜甜的花蜜在嘴里散开来，香甜的味道久久不能忘怀。

拓展

毛泡桐是先开花后长叶，花冠像张开的嘴唇，上面有两条竖着的淡黄色的褶皱，周围还有很多深紫色的条纹和斑点。你知道这些条纹和斑点有什么作用吗？

sāng

Morus alba

桑

shù

树

桑科

芒种桑葚熟，处处草木长。

芒种

我的自画像

我叫桑树，又叫家桑或白桑，是一种落叶乔木或灌木，为我国重要的乡土树种。

我的身体很独特，含有白色的乳汁，在幼嫩的枝叶中最为丰富。

另外，树干和枝条的纤维也很发达。

我的叶子宽大，表面光亮，最大的特点就是"多变"，

叶片有的不开裂，有的则裂成不规则的裂片。

我的花是单性的，通常雌雄异株，很多小花组成像毛毛虫一样的"柔荑花序"。

花的结构简单，只有花萼，没有花瓣，称为"单被花"，很适合风媒传粉。

我的果实也很独特，圆柱形，肉质多汁，称为"聚花果"，就是人们俗称的"桑葚"。

它是由整个雌花序发育而来，被称为"聚花果"，熟时紫色、黑色、红色或白色。

每个小果的萼片宿存，桑葚的果肉部分实际上就是这些肉质化的萼片。

我是深刻影响中国历史的树种，还具有独特的文化价值和文化象征。

83

我的身体

树皮

枝叶

雄花序

雌花序

果枝

果实（聚花果）

84

雄花序

雄花的结构

雄蕊（4 枚）

萼片（4 枚）

柱头

萼片（花被片）

子房

雌花的结构

雌花序

聚花果

单个瘦果，
包于肉质萼片内

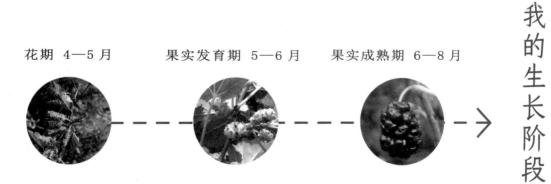

花期 4—5 月

果实发育期 5—6 月

果实成熟期 6—8 月

我的生长阶段

我的价值

桑树在中国古代有"东方神木"之称。农桑立国孕育了华夏文明，繁荣了民族经济。因植桑养蚕而发展起来的"丝绸之路"，成为促进东西方贸易和文化交流的重要纽带，为人类文明作出了巨大贡献。

日出东南隅，照我秦氏楼。秦氏有好女，自名为罗敷。罗敷喜蚕桑，采桑城南隅。

——汉·佚名《陌上桑》节选

我的树冠宽阔，枝叶茂密，
秋季叶色变黄，很是美观，
可作为园林绿化和观赏树种。
有的变型如垂枝桑和枝条扭曲的龙桑等，
更适于庭园栽培用于观赏。

我的叶子为中国传统养蚕的主要饲料；桑葚味美，
可鲜食或加工成各类食品，
也是鸟类重要的食物来源。
我的树皮纤维柔细，可作纺织和造纸原料；
木材坚硬，可制家具、乐器、雕刻工艺品等；
根皮及果实也可入药。

在桑科大家族中，

有一种和我亲缘关系很近而且极为常见的树木，

它的名字叫构树。

构树为强阳性落叶乔木，

生长快，适应性强，分布广泛，是著名的纤维树种。

我们在形态上的区别主要有两点：

一是构树的枝叶密被毛，摸起来毛茸茸的感觉，

我的枝叶则很光滑；

二是构树的雌花序和果实都是球形的，

而我是圆柱形的。

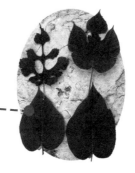

　　《诗经·小弁》记载有"维桑与梓，必恭敬止"，意思是看到家乡的桑树和梓树，必须恭敬站立树前，后世即以"桑梓"作为家乡的代称。梓树为紫葳科落叶乔木，是著名的用材和观赏树种。梓树的叶子为宽卵形，而且3叶轮生，花大而美，花冠二唇形，最奇特的是满树挂满细长而下垂的果实，让人过目不忘。

实践与拓展

　　桑树在我国栽培和应用的历史非常悠久，殷商时期的甲骨文中已经有"桑"字，《山海经》《尚书》《淮南子》等不少古籍中都有对桑树的描述。因种桑养蚕而孕育出来的蚕桑文化，始终伴随着中华农耕文化的发展进程。请你通过查阅资料，更多学习、了解一下桑树以及蚕桑业的历史和文化吧！

　　从古至今，人们以桑树为载体，用农桑典故、诗词、成语等反映社会生产生活的各个方面。如"已见东海三为桑田"出自东晋葛洪的《神仙传·麻姑》，后人据此提炼出"沧海桑田"这则成语，以此比喻世间事物变化很大。请你查一查，看看有多少和桑树有关的诗词和成语，它们各自都有什么含义。

桑叶可以用来饲喂家蚕。如果有条件，请你也养上几只蚕宝宝，观察并记录蚕宝宝吃桑叶成长、蜕皮、吐丝、结茧的过程吧！

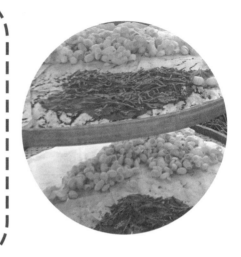

❓拓展

中国是蚕桑业的发源地，野蚕驯化、种桑养蚕，都起源于中国。数千年来，人们都知道要用桑叶来养蚕，因此家蚕常被看作是单食性昆虫，但实际上它属于寡食性昆虫。蚕在极度饥饿时也会取食一些其他植物的叶片，但只要有桑叶的存在，蚕都不会选择其他植物。你知道蚕为什么这么喜欢吃桑叶吗？

hàn

liǔ

Salix matsudana

旱柳

杨柳科

夏至草木盛，榆柳荫后檐。

夏至

我的自画像

我叫旱柳，是一种落叶乔木，为我国最为常见的乡土树种之一，到处都能够看到我的身影。

我有着高大的身材、宽广的树冠、柔软的枝条、细长的叶子。

从古至今人们都非常喜欢我，形成了许多与柳有关的民间风俗和文化。

每年惊蛰时分，我的枝条开始萌动，柳芽毛茸茸的样子十分可爱。

我开花很早，聚在一起像一条条绿色的小毛毛虫，植物学家叫它"柔荑花序"。

我的雄花和雌花是分开生长的，而且是雌雄异株。

到了5月，我的果实便会裂开，无数个细小的种子带着白色柔毛，随风漫天飞舞，这就是"柳絮"。

我的适应性很强，能耐干旱，但更喜欢水湿环境，人们多把我栽种在水边。

我很容易成活，生长速度也快，这就是谚语"无心插柳柳成荫"的由来。

我的身体

树皮

叶

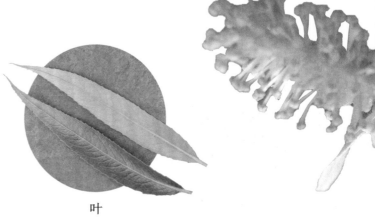

雄花序

雌花序

成熟果序

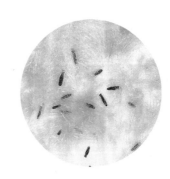

种子和种絮

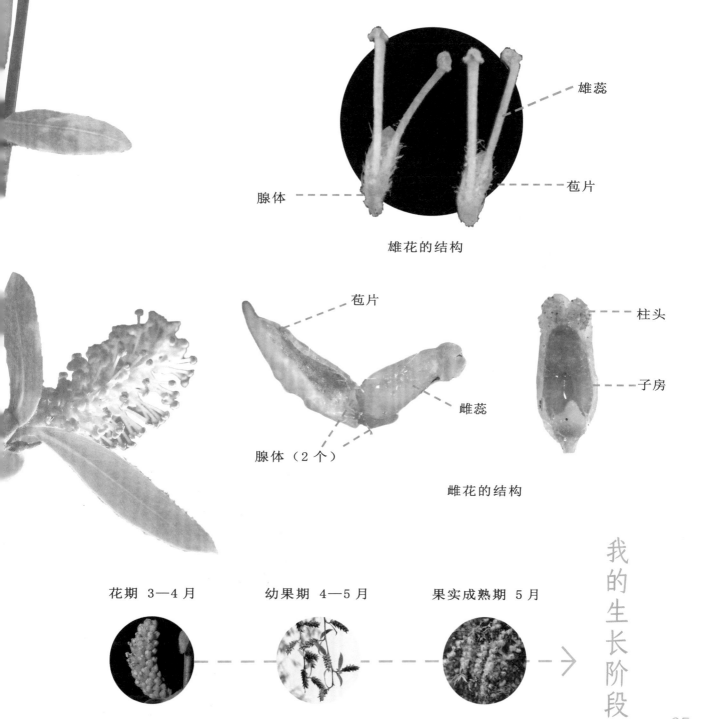

雄蕊

腺体

苞片

雄花的结构

苞片

雌蕊

腺体（2 个）

雌花的结构

柱头

子房

花期 3—4 月　　　　幼果期 4—5 月　　　　果实成熟期 5 月

我的生长阶段

95

我的价值

柳树是中国古代被认识最早并广泛栽植的树种之一，史前甲骨文中已出现"柳"字。

我能适应各种环境，

是北方平原及低山区重要的绿化、

行道及河岸造林和水土保持树种。

柳是报春的使者，杜甫在《腊日》中曾写道："侵陵雪色还萱草，漏泄春光有柳条。"

自古以来，描写、赞咏柳树的诗文不胜枚举。

昔我往矣，杨柳依依。

——先秦 • 佚名《诗经 • 小雅 • 采薇》

碧玉妆成一树高，万条垂下绿丝绦。

不知细叶谁裁出，二月春风似剪刀。

——唐 • 贺知章《咏柳》

我的木材白色，耐湿，比杨树韧性强，

花纹秀丽，色泽柔和，简洁清雅，

可以供建筑、家具、雕刻工艺品、造纸、人造棉等用。

我的枝条细长柔软，常用于编织筐篓等用具。

我的花芽和幼嫩的花序还可以食用，

嫩叶可以制作"柳叶茶"，

枝、叶、根、花均可入药。

我的栽培历史久远，分布范围也很广，变种和变型很多，常见的有绦柳、龙爪柳和馒头柳。它们各有特点：绦柳的枝条长而下垂；龙爪柳的枝叶卷曲；馒头柳的树冠半圆形，如同馒头状。

柳树的种类很多，
另一种常见栽培的是垂柳，也叫"垂杨柳"。
垂柳的枝条比绦柳更加细长、柔软而下垂，
微风吹来，轻摇摆动，十分飘逸，
观赏价值很高，是我国园林中重要的景观树种。
需要注意的是，有一些树木虽然名字带"柳"，
但和柳树并不是一类，
比如柽柳、雪柳、水曲柳等，不要弄错哦！

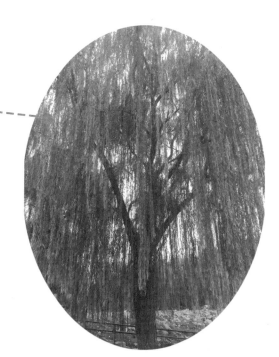

我的朋友圈

实践与拓展

柳树是一类有古老文化意蕴的树种，中国人对柳树情有独钟，形成了独特而丰富的柳文化。与柳树有关的民俗以及历史人物、地名和典故非常多，请你多去查阅了解一下吧！

清明节民间有插柳、戴柳的习俗，请查一查清明插柳的由来。折柳送别，人们常借柳树来抒发情怀。柳谐音"留"，在古代，送行者常会折一条柳枝送给远行的人。2022 年北京冬季奥林匹克运动会闭幕式上有一个手捧柳枝的环节叫"折柳寄情"，你知道这有什么含义吗？

每年春天的时候，柳树都会抽出嫩绿的枝条，长出新生的叶子。试着在老师或家长的指导下摘一些柳枝，编一个有创意的柳枝花环吧！

❓ 拓展

柳树虽然有很大的价值，但也会给我们带来一点小麻烦。每年 4—6 月，漫天飞舞的杨柳絮就是由杨树和柳树产生的。你知道这些飞絮是从哪里产生，以及杨树和柳树为什么要飞絮吗？

é

Liriodendron chinense

鹅

zhǎng

掌

qiū

楸

木兰科

小暑"马褂"缀满枝，碧树参天叶葳蕤。

小暑

我的自画像

我叫鹅掌楸，是一种高大的落叶乔木，为中国特有的珍稀树种。

我的树干挺直，最与众不同的是我的叶片，让人过目不忘。

因为叶片形似鹅掌，由此得名鹅掌楸。又因叶片极像古人穿的马褂，又常被形象地称作"马褂木"。

我的花大而美丽，春夏之交开放，

形状酷似黄绿色的郁金香，国外的朋友称呼我为"中国的郁金香树"。

我的果实也很独特，很多带有长翅的小果聚集在一个轴上，形成纺锤形的聚合果。

等到成熟时，它们又都各自离去寻找新的地方。

在地球的另一端，我还有个兄弟——北美鹅掌楸。沧海桑田，我们天各一方。

人们通过努力，培育出了我们二者联姻的杂种类。

目前，大家身边栽培和见到最多的，实际是它——杂交鹅掌楸。

我的身体

树皮

枝芽

幼叶和托叶

叶

花

果实

杂交我

花被片

雄蕊

雌蕊（多数）

杂交鹅掌楸的花的结构

聚合果

中轴

单个带翅的果实，
从轴上脱落

聚合翅果

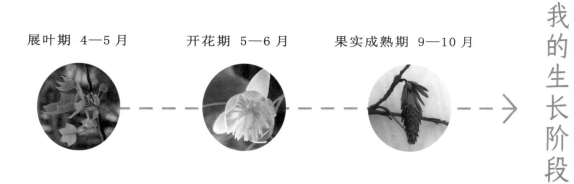

展叶期 4—5 月

开花期 5—6 月

果实成熟期 9—10 月

我的生长阶段

我的价值

我的树干挺直，树冠伞形，叶形奇特、古雅，
是世界闻名的珍贵行道树和庭园观赏树种，
特别适合种植在公园、校园以及道路两侧。

每年 4—5 月，春风唤醒了沉睡的冬芽，
一对芽鳞缓缓张开，向外反卷露出新叶。

6—8 月，枝繁叶茂，满树都是"绿马褂"，
冠大浓郁、绿荫如盖。

9—10 月，我的"绿马褂"又被秋意染成了金黄色，
变成了"黄马褂"，是不可多得的秋色叶树种。

鹅掌楸家族起源非常古老，

最早时非常兴旺，种类很多，

在地球上分布很广，后来大多数都灭绝了，

现在只剩下两位幸存者：

一位就是生活在中国南方地区的鹅掌楸，

另一位则定居在北美的东南部地区，因此被称作北美鹅掌楸。

二者由于长时间地理分隔，

在叶片形态上出现了一些差异：

鹅掌楸叶片两侧有 1 对裂片，更像马褂；

北美鹅掌楸叶片两侧常有 2 对裂片，更像鹅掌。

研究人员通过"联姻"，

人工培育出了鹅掌楸和北美鹅掌楸的杂交种类——杂交鹅掌楸，叶子形态介于二者之间。

它不仅继承了亲本的优点，而且青出于蓝而胜于蓝，

树姿、花色、适应性等各方面均比双亲更胜一筹，赢得了人们的喜爱。

现在我国北方城市栽培的鹅掌楸基本都是杂交鹅掌楸。

鹅掌楸和玉兰都是木兰科家族成员，二者既有相似之处，也有很多不同。请你找到它们，并拍照观察，记录、比较一下各自的特点。

	叶片形态	花形态	果实形态
鹅掌楸 （或杂交鹅掌楸）			
玉兰			

你能根据下面 3 个叶片的特点，分清各自哪个是鹅掌楸、北美鹅掌楸和杂交鹅掌楸吗？（连连看）

北美鹅掌楸   鹅掌楸   杂交鹅掌楸

鹅掌楸叶形奇特，发挥一下你的创意，用鹅掌楸叶片创作一些绘画或手工作品吧！

拓展

鹅掌楸在我国属于珍稀濒危树种，被列为国家二级保护野生植物。你知道为什么自然生长的鹅掌楸数量稀少，需要被重点保护吗？

huái

槐

shù

树

豆科

Styphnolobium japonicum

暑热节气槐枝茂，槐花满地荫满径。

大暑

我的自画像

我叫槐树，是一种落叶乔木。我原产于中国，栽培历史悠久，也常被称为国槐。

我的树形高大，枝叶繁茂，小枝绿色，枝上的芽隐藏在膨大的叶柄里。

我在夏天开花，花为白色或淡黄色，有5个花瓣，形似一只小蝴蝶，称为"蝶形花冠"。

很多小花朵会排成圆锥形花序，像一个个小型金字塔立在枝头。

我的果实非常独特，圆筒形；种子之间缢缩，外形像念珠，成熟后也不开裂。

每到秋季，一串串"念珠"高高挂在枝头，晶莹剔透，可爱至极！

我是优良的绿化和观赏树种，是北京的市树之一，也是北方很多城市的市树。

我还是长寿树，很多地方有许多树龄高达百年甚至千年的古槐呢！

我深受国人喜爱，并形成了中国特有的槐文化，叫我国槐确实当之无愧！

我的身体

树皮

枝叶（羽状复叶）

花序

花

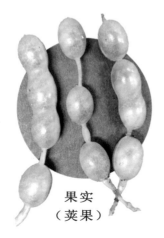

果实
（荚果）

种子

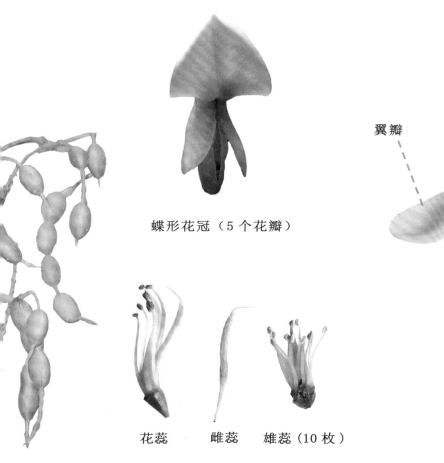

蝶形花冠（5 个花瓣）

花蕊　雌蕊　雄蕊（10 枚）

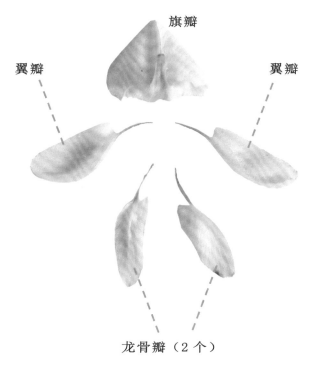

旗瓣

翼瓣　　　　　　翼瓣

龙骨瓣（2 个）

花的结构

花期 7—8 月　　　幼果期 8—9 月　　　果实成熟期 9—10 月

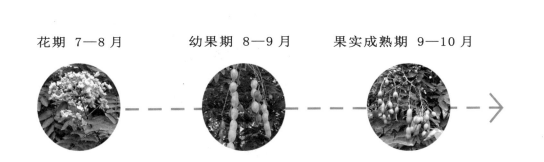

我的生长阶段

我的价值

我的树体高大，树冠优美，枝多叶密，绿荫如盖，
自古以来就被用作行道树和庭园观赏树。

唐代诗人白居易曾写道：

"轻衣稳马槐阴路，渐近东来渐少尘。"

宋代诗人李洪则写出了另外一种意境：

"庭前槐树绿阴阴，静听玄蝉尽日吟。"

我在各地都被广泛栽培，

是北方城市重要的绿化树种。

我有很多变种和品种，常见的有龙爪槐、五叶槐、'金叶'槐等。

夏季到来之时，我会发育出很多的花。

没有开放时的花蕾被称为"槐米"。

槐米不仅有药用价值，也是一种天然的植物染料，

可以作食品的色素和纺织品的染料。

我结的果实则被称为"槐角"，

既可食用也可药用。

我原产于中国，有一种来自北美的高大乔木名字带"槐"，栽培也非常广泛，很多人经常把我们混淆。它的名字叫刺槐或洋槐，我们虽然都是豆科家族成员，但一个是槐属，一个是刺槐属，在其他方面也有明显的区别。

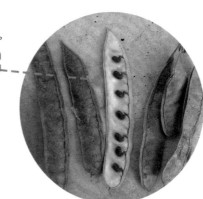

一是国槐枝条上无刺，刺槐有成对的托叶刺，故名刺槐。

二是国槐的果实呈串珠状，成熟时不开裂，刺槐的果实扁平，成熟时开裂。

三是国槐夏天开花，刺槐春天开花。

还能经常见到另外一种来自北美的灌木叫紫穗槐。它的花序是穗状的，花是紫红色的，很好识别。

实践与拓展

实践

　　槐树栽培历史悠久，形成了独特而丰富的槐文化，古人对槐有"槐位""槐卿""槐望""槐宸"等说法，你知道它们的具体含义吗？你还了解其他更多的说法吗？与槐树有关的地名和典故也非常多，多去查阅了解一下吧！

　　槐树是很多北方城市的市树，也是北京市的市树之一。你知道北京市另外一种市树叫什么名字吗？还有哪些城市把槐树选为市树呢？

槐的花蕾（槐米）很早就被用作天然染料，而且染出来的色彩亮丽，不易褪色。明代《天工开物》记载："凡槐树十余年后方生花实，花初试未开者曰槐蕊，绿衣所需，犹红花之成红也。"请你查一查槐米如何染色，有条件也来动手试一试吧！

拓展

经常能见到一种独特的观赏树木，它开的花和结的果实与槐树完全一样，但叶子却差别很大，外形像蝴蝶，常被称作蝴蝶槐。你知道这是怎么回事吗？

说明

　　书中共包含 71 种树木，以华北地区分布为主，部分种类栽培范围较广。主要介绍的 24 种树木以中国二十四节气顺序编排，但同一树木的物候在不同地方、不同年份会有所差异。书中的树木物候不专指某一地或某一年的情况。

　　树木的中文名和学名主要参考植物智网站（www.iplant.cn）的最新分类和名称，但考虑到习惯用法，桑、槐、栾在书中的中文名写为桑树、槐树、栾树，元宝槭则写为更普遍的名称元宝枫。

　　书中所用照片多数为作者所拍摄，感谢张志翔、林秦文、肖翠、李秉玲、蔡明、尚策等老师提供部分照片。